U0042951

宇宙密碼

25篇
星球科幻童話

黃海 著　Bianco 繪

宇宙兒童。

我們都是永遠的

—— 黃海

這是一本融入科學或科幻故事的極短篇童話集，每一篇都以最少的文字呈現了不同的人物動態和意象。臺北的科幻創作坊的朋友，有人讀了不知不覺笑起來，說它活潑有趣，具有畫面感，有如動漫畫，給了我很大鼓勵。字畝文化出版的馮季眉社長接到稿子後，來信說：「這本書挑戰了童話的書寫」，而國家文化基金會給了創作補助，大約是看在具有新創意的份上。

　　《宇宙密碼》，涉及不同的主題，包括生態環境、太空旅行、時間旅行、機器人心智、相對論、蝴蝶效應、奈米科技、宇宙大小……。我用最簡單的童話敘事，包裝了提煉出來的概念。每一篇要能啟發新知和創意，有點像詩文，有點似歌謠，有的加韻、帶點節奏。每篇結尾附有小註解，為故事畫下句點，也有畫龍點睛之效。我的想法是，小讀者如有不了解時，可以詢問爸爸、媽媽或老師加以說明。

　　傳統的童話是建立在精靈、仙子、傳奇、民間傳說或生活故事上，然而科技日新月異，逐漸滲透到各個領域，面對新事物、新觀念的衝擊，童話需要融合新元素，變化新形式，不再受傳統拘束。從國語日報每年舉辦的牧笛獎看得出，融入科學或科幻的創意作品，容易獲得評審垂青，優勝入選。

回顧 science fiction（科學小說，或科幻小說）一詞的提出，遠在美國一九二六年出現科幻雜誌之前，可以追溯到一八五一年英國的威廉・威爾遜（William Wilson）在他的詩歌中創用了 science fiction 一詞，他認為可以用科學故事取代過去的傳奇浪漫故事，以啟發兒童新知。威爾遜的提議早已被人遺忘，卻值得重視提倡。這本集子，也許就是適當的體現。

　　從小我對科學新知一直有著濃厚興趣，早年我在傳統文學創作已經疲累，轉而努力融合了科學元素進入小說。一九六八年當臺灣出現科幻小說時候，還沒有「科幻」這一名詞，我一直以為「科幻，就是成人的童話」，確實的，它是老人和兒童可以共享的夢。

　　我從成人科幻創作兼顧及少兒科幻創作，有一些背景因素。我有一對雙胞胎兒子，我陪伴雙胞胎走過童年，而他們陪伴我的歲月也是我的第二個童年，後來他們去了美國讀書，並落地生根成為新移民，我無緣和他們下一代的兒女相處，否則我就有了第三個童年。

　　從一九九七年開始寫第一篇〈飛向太陽〉，也是我告別第二個童年之始，直到二十年後申請到國家文化藝術基金會創作補助，陸續完成六十篇創作，本書收錄其中

二十五篇。這一系列作品，曾由日本女作家立原透耶（山本範子）翻譯了幾篇在日文刊物發表，臺灣的《國語日報》、《中華日報》副刊、《地球公民365》月刊、《文訊》雜誌、《鹽分地帶文學》雙月刊，以及大陸科普科幻刊物都曾發表了部分作品。今天臺灣缺少具有同樣理念和創作能量的作家，山鷹的詩作曾給了我觀摩，林茵、邱傑也提供了借鏡。

　　臺灣的文化出版界能夠出版經營類似的讀物，必須獨具慧眼，字畝出版社是具有高瞻遠矚和活力的少數。

　　每個人、每位作家心裡都住著一個小孩。《二〇〇一太空漫遊》的作者克拉克（Arthur Charles Clarke），去世之前為自己寫的墓誌銘是：「他從未長大，也沒有停止長大。」仔細思考，他的話不正是指著：人類從未長大，也沒有停止長大。按照科學家的說法，宇宙中目前已知的物質只有百分之四，其他是未知的暗能量、暗物質，佔了百分之九十六。因此，不管你是大人或小孩，只要我們的宇宙還有未知，無窮的探索便會一直持續，我們都是永遠的宇宙兒童。

CONTENTS

① 飛向太陽

一艘滿載垃圾的船，
到處尋找傾倒垃圾的國度。
聽說垃圾中藏有核子廢料，
人們嚇得臉都綠了。

「 走開！ 走開！
我們不要核廢料！ 」
「 我們不要危害身體健康的東西！ 」
海岸上所有人， 都發出怒吼。

垃圾船在海上哭了起來，
到處漂泊， 到處被咒罵。

天空同情它的遭遇，
下大雨， 颳暴風，
把它硬推上岸，
讓它有地方靠一靠。

「 走開！ 走開！
不要靠近我們，
有毒的東西！ 」

天空說話了：
「 垃圾船， 別流浪了，
回去你原來的地方吧！ 」
垃圾船傷心的尋找回家的航路。
回到自己的國度，
海岸邊卻傳來更凶惡的咒罵：

「可怕的垃圾船，不要回來，
不要把汙染帶回來！」

慈悲的天空，閃出一個智慧的念頭：
「飛到太陽去吧！
太陽是個天然的大焚化爐！」

太陽也聽到了，高興的歡呼：
「改裝成太空船，歡迎免費來焚化！」

改裝後的垃圾太空船，
興奮的飛向太陽，
千萬顆星星在天空眨眼微笑。

滿載垃圾的船

一九八七年，一艘從美國長島出發、滿載垃圾的船，航行經過三個國家的海岸，每一處港口都拒收，最後只好回到它的家鄉。

幾年前，臺灣的核子廢料要運往北韓，也引起國際注意，遭受反對。最近，其他國家拒收的塑膠垃圾，大量湧進臺灣，可能造成臺灣環境汙染進一步惡化。期待未來科技更進步，可以使用太陽這個天然的免費焚化爐。

② 老虎大王的婚禮

老虎大王好開心，
婚禮就要舉行了，
定在五十天以後。
擔心颱風小姐來搗蛋，
老虎大王急得睡不著，
照照鏡子，一天比一天瘦了，瘦了。
老虎大王好煩惱，
煩惱自己當新郎不夠壯。

有一天，大象來拜訪，
長鼻子拍拍虎大王的背說：

「哇，貓大王，你變得好壯，
好大！你吃了什麼仙丹妙藥？」
老虎大王立時發出老虎的吼叫，
大象水泥柱一般的四隻腳，
輕輕顛動兩下，差點被嚇得跌倒：
「貓大王生氣了？還是在打呵欠？」

老虎大王表明身分：
「你怎麼把本王當成貓？
我是煩惱得瘦了！」
「失禮失禮！」
大象連連道歉。
老虎大王差點兒哭起來：
「婚禮即將舉行，
真擔心颱風小姐到底來不來……」
大象安慰他：
「我介紹一個世界上最聰明的人給
你，讓他來為你解決問題。」

「　我能夠了解氣象，　控制颱風小姐的

行蹤，　只要有最好的電腦。　」

世界上最聰明的人，

來到老虎大王面前，

很有自信的打包票。

老虎大王重賞他一筆錢，

讓他打造超級大電腦。

經過不眠不休的研究，

最聰明的人提出預測報告：

「　放心放心，　大王婚禮那天天氣好。

萬一颱風小姐不識相，

就派飛機去她家，

撒些煙霧，　給她顏色看，

讓她分不清東西南北，

不能來搗蛋。　」

婚禮的日子終於來到，
大家高興的唱歌、手舞足蹈，
熱烈的鞭炮聲四處響起，
遠遠的天空卻傳來陣陣風聲呼號。

世界上最聰明的人，
腳底裝了噴射火箭，
一溜煙跑了。

消失前，他留下了一句話：
「颱風小姐偏要來賀喜！
這我可阻止不了！」

誰能操控氣象？

一九五〇年代，馮紐曼被科學界公認為當時全世界最聰明的人，他認為利用最好的電腦可以達到控制氣象的目的，但是他失敗了。原因是，他對流體運動的本質認知有誤，大自然的「混沌」行為是無法預測、也不能控制的，他以為可以將氣象分成穩定的和不穩定的，只要派出飛機去小小擾動不穩定的部分，便可以將它變成穩定的。今天的氣象學家只希望了解氣象，還不能控制氣象。

③ 星星的家

頑皮猴子開飛機，
在天空逛呀逛，
藍天白雲是他良伴，
奇怪奇怪，
星星小妹為何不出來？

猴子歌聲很粗獷，
就像大喇叭破了洞。
雲雀嘲笑他：
「 醜八怪，
休想和星星小妹見一見。 」

「　可是……，　我對星星小妹一見
鍾情，　希望開飛機追到她！」
好心的太陽插嘴問：
「　你上次什麼時候見到她？」
猴子的大腦神經飛快轉動，
眼睛一瞪：「　我真糊塗，
上次見她是晚上。」
猴子把飛機停在湖邊，
靜靜等到黑夜，
天上的星星都在湖裡玩耍，
星星妹妹在湖裡眨眼微笑。
「　哇，　我找到了，　找到了！」
猴子迫不及待的跳進湖裡，
噗通，　噗通！
岸邊所有的青蛙都在咯咯笑，
有如千百面鼓在敲響。

電腦先生的話驚醒了猴子：

「湖裡只是星星的影子呀！」
「星星住的地方好遠好遠，
光線要走幾萬年、
幾千年才到得了哩！」
猴子最後明白，飛機太慢了，
而且也飛不出地球大氣層。

光年有多遠？

光線每秒大約三十萬公里，一年可以走十兆公里。「光年」一詞不是時間單位，而是距離的單位，距離地球最近的恆星是四點三一光年。

④ 機器人之旅

他外表像個人，
是個太空探險機器人，
有手有腳、有頭有腦，會說話，
只能在太空船裡自言自語。

星星朋友說：
「奇妙，奇妙，真奇妙！」
「你為什麼不吃不喝也不尿！」
「你到底跟人有什麼不一樣？」

機器人一邊駕駛太空船
飛向宇宙的黑洞，
一邊唱著歌：
「不一樣，就是不一樣，
我什麼都不怕！」
星星在窗外掠過，
個個好奇的張大眼注視，
機器人只管叫著：
「飛呀，飛呀，我要進入黑洞，
為人類了解宇宙的奧祕。」
星星提醒他：
「黑洞很危險！」
「難道你不怕熱、不怕冷、
不怕輻射？」
機器人說：「我是機器不是人，
不一樣，就是不一樣。」

星星笑了。
難怪機器人永遠耐得住寂寞，
因為太空船就是他的家，
也是機器人永遠逃不了的監獄，
幸虧他自己不知道。

太空船終於降落在一個星球。
頑皮豹登上太空船，
機器人的心理程式設計被改變了，
頑皮豹說：
「你外表像人，
就讓你有人的心思吧！」

機器人高興得手舞足蹈，說：
「哇，我是人！我有了人的想法。」
機器人也有了人的喜怒哀樂。

太空船繼續飛呀飛，
前面就是可怕的黑洞，
愈來愈近，愈來愈近……

機器人會哭嗎？

機器人一旦有了人類一樣的情感，
就會有痛苦、快樂和恐懼，也會害
怕死亡，就無法為人類執行危險的
任務了。

⑤ 宇宙方舟

如今的太陽，是個五十億歲的中年人，
每天按時上下班，辛苦的在天上運轉，
從來不吝惜陽光，不用人家管，
回家休息以後，黑暗就還給天空。
於是，一閃一閃亮晶晶，
滿天都是小星星。

太陽是顆霸王星，工作狂，
他在的時候，星星沒敢出來逛。

光陰飛快，轉眼太陽已經是
一百億歲的老人。
「孩子們，我要老死了。」
紅臉太陽嗚咽著對他的家族說：
「八大行星啊，
我不能再照顧你們了！」

太陽成了將死的「紅巨人」，
地球萬物等著被蒸發，
萬物之靈恐慌又恐慌。

趁著地球上的生物還沒被烤焦，
科學家利用核子融合技術，
做成一個超級大推進器，
以海水中的氘為能源，
發動了地球太空船，
逐漸脫離太陽的引力，
去尋找太空中另一個太陽系。

地球成為宇宙的方舟。
人們說：「地球就是我們的太空船！」

如果太陽迎向死亡……

太陽系原本有九大行星，從二〇〇六年開始，國際天文
學聯會通過決議，將冥王星降級為矮行星，所以目前太
陽系已經變成八大行星。

當恆星死亡之前，會膨脹成為龐大的紅色氣球，這時候
從地球望去，紅球會蓋滿大半個天空。

萬一真有那麼一天，那麼人類只好設法「連人帶球（地
球）」逃走。核子融合技術，使得海水中就有取之不盡、
用之不竭的能源，地球這艘太空船，估計可以在太空中
航行幾十億年。這是引述二十世紀科學家的說法。

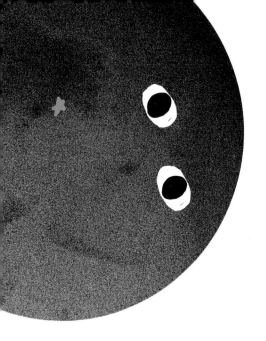

⑥ 天大的秘密

小猴打彈弓，石頭飛得高，
烏鴉呱呱叫，麻雀嚇一跳，
天上雲兒偷偷笑，
星星月亮射不到。
小猴挺好奇，夢想打破天，
天有多大？真真想不透，
天外是什麼？愈想愈不懂。

問問太空船，
登月太空船猛搖頭，
指向火星方向去，
火星太空船只顧飛飛飛，
登陸火星去，
頭也不回，連說「不知道」。

小猴打瞌睡，迷迷糊糊飄又飄，
夢裡成了小飛俠，
冥王星在腳下，
太陽系邊緣是這裡。
最大望遠鏡，要他解奧祕，
讓他瞄準銀河系，
窺視天外頭，
他看到自己的後腦勺，
只因光線繞行宇宙一周，
折回頭。

宇宙有多大？

宇宙論的學者認為，如果宇宙是封閉的，則光線必然被限制在裡面，最後會繞行宇宙的範圍一周又回來。所以，理論上，如果能製造出一個最大的望遠鏡，用它往前方望去，看到的將是自己的後腦勺。但宇宙也有可能是開放的，那就不會有小猴夢中的情景發生。

⑦ 百萬年後

大笨象和獅子王揮著手：
「 頑皮豹， 再見呀， 早點回來喔！ 」
太空船呼嘯著， 閃著耀眼的紅光，
離開地球、 月亮和太陽，
愈飛愈快， 像光一般快，
星星都說它夠帥。

一年一年又一年，
頑皮豹成了機器人的伴，
機器人更是他的好幫辦，
思鄉心情漸湧到，

踏上歸途， 踏上歸途，
地球在眼前。

草原聚集著大象和獅子，
仰著頭，
盯著破天而來的太空船。
頑皮豹衝出太空船，
快樂的蹦跳：
「 我的大笨象， 我的獅子王，
想念我嗎？ 」
大象和獅子一臉陌生和困惑。
「 我是大笨象的孫子的孫子
的孫子…… 」
「 我是獅子王的萬代孫子啦…… 」
頑皮豹一頭霧水， 兩眼昏花，
看看地球原子鐘，
原來已過百萬年。

POST CARD

Made by
THE OWL STUDIOS
JACK WEEKS & CO.
PITTSBURGH, PA.
No. 2
7 Federal St.
North Side
No. 1
105½
Smithfield St.

CORRESPONDENCE

ADDRESS

PLACE
STAMP
HERE

時間不一樣？

在太空中高速飛行的太空船，時間的流動速度與地球是不同的，愈接近光速，愛因斯坦相對論中所謂的「時間膨漲」效應愈明顯。一趟接近光速的太空之旅，太空人雖然只經歷幾十年，回到地球，可能發現地球已經過了百萬年或千萬年以上。

⑧ 貓小姐的機器人

貓小姐騎著流線型腳踏車，
裙襬飛揚， 奔馳林蔭小道。
有如長了翅膀的鳥，
輕鬆自在樂逍遙。

眼前飛來大蝴蝶，
有如一隻飄飛球。
閃躲， 轉彎， 摔跤， 天旋地轉。
撞上打球的小猴， 兩人痛到不行。

貓小姐氣沖沖，

伸拳碰碰碰，動作不輕鬆。
小猴鼻青臉腫：
「我是能委屈挨揍的英雄。」

媽媽的話讓貓小姐長了智慧，
知道自己衝動很不對，
帶著鮮花蔬果去拜訪。
叩叩叩，叩叩叩，叩叩叩。
小猴嚇得不敢開門，
直嘀咕：「我跟你躲貓貓喔！」

貓小姐派了機器僕人，
化妝成她美麗的模樣，
在小猴家門前出現，
耐心等候，默默無言。
一天又一天過去了，
小猴尷尬來開門，
腳軟軟，眼無神。

機器人謙恭獻花行禮：
「　我來代替貓小姐道歉，請別再躲貓貓！」

萬能機器人

未來機器人可以做的事,會愈來愈多,包括代替主人道歉。

⑨ 貓頭鷹醫生的眼淚

貓頭鷹博士的森林醫院，
病患擁擠排隊就診，
嘎呢呢， 哼哼啊啊，
千奇百怪呻吟聲，
有如交響樂。

鸚鵡護士跟著唱，
好歌喉一聲又一聲，
引來陣陣笑聲。

森林醫院東搖西晃，
眼前黑壓壓，
大批蜜蜂哥哥湧到，
從前嗡嗡嗡， 如今糟糟糟，
好似戰敗軍隊， 西歪東倒，
個個垂頭喪氣， 奄奄一息。

花枝招展的鸚鵡護士，
嚇得花容失色，
拿起望遠鏡東張西望，
原來地球蜂場都成空。

蘋果、 櫻桃、 紅莓，
草莓、 杏仁、 桃子，
大豆、 南瓜、 西瓜、 冬瓜，
撲嚕通，
撲嚕通，
一起滾來了。

瘦瘦的身子，　個個皺瘪瘪，
哭成一團，　亂成一堆，
對著有氣無力的蜜蜂隊伍討饒：
「　幫幫忙…　花粉…　花粉…　」

五彩繽紛的鸚鵡護士，
身子拚命抖呀抖，
希望擺脫粉末來。
貓頭鷹博士淚汪汪，
敲敲鸚鵡腦袋瓜：
「　別鬧了！　我們快去抓農藥！　」

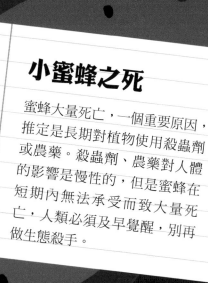

小蜜蜂之死

蜜蜂大量死亡，一個重要原因，推定是長期對植物使用殺蟲劑或農藥。殺蟲劑、農藥對人體的影響是慢性的，但是蜜蜂在短期內無法承受而致大量死亡，人類必須及早覺醒，別再做生態殺手。

㈣ 愛因斯坦的鏡子

愛漂亮的紅眼兔，
羨慕猴子會爬樹，
逍遙自在穿梭枝葉間。
黃狗、 花貓、 山羊和山豬，
跟來喝采不等閒。
看看一群猴子耍絕技，
兩眼發亮往上瞧，
四肢站穩尾巴翹。

突然天空閃電如飛蛇，
一響驚雷， 地動樹搖。

五隻猴子摔落地， 驚疑間，
亂髮紳士愛因斯坦，
手拿鏡子， 亮光閃閃，
駕著光速旅行車出現。
「 大家上車觀光去！ 」

閃電兔拿過鏡子，
欣賞自己的美麗，
紅眼迷糊只見霧茫茫，
雲深不知處。

愛因斯坦笑彎了腰：
「 考考大家： 光速旅行照鏡子，
看得到自己的臉嗎？ 」
眾人驚疑， 不知所以。
黃狗博士胸部挺得高：
「 飛行快似光， 照鏡子看不到。 」

愛因斯坦不言不語笑咪咪，
開了車子，
快！快！快！
加速，加速，
加速到光速！
紅眼兔照鏡子，
鏡裡有個紅眼兔，
愛因斯坦的鏡子，
解說光的妙事。

鏡子裡看到什麼？

假設在光速旅行中，手拿鏡子照自己的臉，有人以為會看不到自己的臉。然而，按照相對論的說法，是看得到自己臉的，原因是兩者同樣等速運動。

⑪ 牛頓的兩頭霧水

動物家族駕駛光速太空船，
閃電飛向前，
彈指一瞬間，
飛到外星球，
快活似神仙。
聽著愛因斯坦說故事：
小時候，十四歲，
想著想著，
如果駕著光線旅行去，
時間空間變成什麼樣？
終於發明相對論，
有誰知道光的奇妙！

小豬搖搖頭，
花貓搖搖頭，
山羊搖搖頭，
紅眼兔搖搖頭，
黃狗博士噘著嘴挺起肚：
「亂髮老人，儘管考考我！」

愛因斯坦瞪大了眼：
光速太空船裡，你是駕駛，
拿著手電筒往前照，
這時候測量前面的光，
不就是光速加光速，
每秒三十萬公里加三十萬公里，
一共多少公里呢？

黃狗博士掃視眾人，
仰頭大笑，手勢比出六：
「六十萬公里！」

愛因斯坦笑彎了腰。
牛頓突然出現，雙手插腰。
吹鬍子瞪眼：「你總是拿我來取笑？」
黃狗博士尷尬咯咯笑：
「兩位大師，吵什麼？」

愛因斯坦說：
「光速加光速，還是光速，
永遠不變的光速。
不是一加一等於二。」

牛頓原來一頭霧水，
額頭大汗如雨下，
變成兩頭霧水，
不知道誰是誰。

不變的光速

愛因斯坦在發表「相對論」時曾說：「牛頓先生，很抱歉推翻了您的理論……」（相對論與牛頓的力學理論相衝突）。「相對論」被認為更適合的名稱是「不變論」，不論在任何情況下，你測得的光速永遠是每秒三十萬公里。

⑫蝴蝶效應

恐龍來到靜謐大森林，
抖擻身子尋找新娘子。
蚯蚓感覺地面起震動，
嚇得鑽進更深的地洞，
轟咚一聲還是被踩斷成兩截。
大截蚯蚓衝出去，
小截留在泥土裡，
你當哥哥我當弟。

蝴蝶姐妹來到樹梢間，
拍拍翅膀飛來飛去也休閒，

猴兄猴弟倒掛枝椏間，
擠眉弄眼拍手笑嘻嘻。
恐龍夫妻才相聚，
不料眼前猴子來耍戲，
眾多猴子跳到恐龍背，
蹦蹦跳跳， 跳跳蹦蹦。

恐龍新郎牽手新娘狂奔跺腳，
來個大地震！
森林裡如秋風掃落葉，
地面和樹木一起搖晃。

蝴蝶接到美洲無線電，
那邊姐妹正在拍翅膀，
這邊忽然狂風暴雨， 昏天黑地。
恐龍新郎和新娘，
四腳朝天摔倒地，
驚嚇了蚯蚓哥蚯蚓弟。

蝴蝶效應

蝴蝶效應，指一件事情的開始條件
如果發生任何微小的差異，結果會
完全不一樣，好萊塢曾拍出電影
「蝴蝶效應」。

⑬原子吉他

現代貝多芬， 頭髮飄散如亂雲。
沉默頹廢耳朵卻敏銳，
發呆沉思， 瞪著琴鍵作曲。
昏沉的腦袋裡一貧如洗，
嘴裡咬筆， 快斷成兩截。
敲了敲琴鍵，
藏在腦裡的交響樂隊，
跟著思想奏樂，
貓兒聽得笑咪咪，
鸚鵡跟著咕咕咕咕，
音樂家心戚戚，
再怎麼樣就是完成不了這首曲。

終於有了原子吉他，
植入音樂家頭髮裡，
音符活潑蹦跳。
它有六條弦，
眼睛看不見， 超微小、 超微小。
一條弦， 一百個原子寬。
一根頭髮， 二十個吉他。
現代貝多芬頭髮裡，
千百萬萬樂音，
活蹦亂跳，
叮叮咚咚，
鏗鏗鏘鏘。

無數精靈在跳舞，
作曲家憑著意念彈，
頓時湧出萬千音符。

原子吉他

故事裡的原子吉他雖然有些誇張,但是美
國康乃爾大學的科學家確實製作了一個原
子吉他,每條弦一百個原子寬,二十個吉
他首尾相接,放得進一根頭髮裡,吉他有
弦可以撥動,但頻率太高,只有特殊的感
應裝置聽得到。

⑭ 北極熊與企鵝

南極的紳士企鵝，
北極的大白熊，
動物園裡喜相逢，
你好我好， 建立深深友誼。
說不完兩地風情，
難分難捨， 形影不離，

有一天， 各自被送回家鄉，
一個天南， 一個地北，
日日夜夜思念彼此，
時空遠隔無法送信，
兩人各自垂頭喪氣。

宇宙魔術師克拉克，
通訊衛星構想別具一格，
在地球三萬六千公里上空，
三顆衛星定點作功，
電波覆蓋全球上空。

嗶嗶⋯ 嗶嗶⋯ 嗶嗶
來了！ 來了！
地球另一邊的電話，
美國和臺灣、 越南，
歐洲和澳洲、 紐西蘭，
一邊白天， 一邊黑夜，
電訊即時穿越。
北極熊和南極企鵝，
一北一南，
友情即時交流，
心靈歡欣愉悅。

地球同步衛星

科幻小說作家克拉克曾在一九四五年寫過論文指出，在地球上空三萬六千公里之處的三個定點，放置三顆衛星，無線電訊便可以覆蓋整個地球，在地球上的任何地方，便可即時通訊。克拉克的構想後來真的實現了，他也被稱為通訊衛星之父。

⑮螞蟻賽車手

賽車場上風馳電掣，
黑狗翻車頭破血流，
快快快，緊急搶救。
烏伊－烏伊－，火速送醫－。
頸部動脈大阻塞，
怎麼辦？怎麼辦？
一群螞蟻賽車手，
自告奮勇拍胸脯，

我來我來， 個子我們最小，
修理黑狗血管沒問題，
只要開了車子鑽進去。

小白兔醫生露出門牙大叫：
不行， 不行， 你等著，
不夠小， 不夠小，
還得再縮小、 再縮小，
一千倍差不了。

終於變成奈米賽車手，
超微小螞蟻，
進入黑狗血管裡，
順著血流往前跑，
疏通動脈趕得早。
黑狗慢慢甦醒來，
頻頻頷首，
感謝螞蟻賽車手。

奈米科技

希望未來奈米科技的發展更成熟以
後，能製造出微型機器人，進入人
體做修復工作。這裡將奈米機器人
比喻成螞蟻賽車手。

⑯ 火星任務

冠軍花豹登上太空船，
六個月的無重力飛行，
咻咻咻，
從地球到火星。
身體虛弱又噁心，
出了艙門，　兩眼冒金星，
骨質疏鬆軟趴趴，
四肢發軟，　地上慢慢爬。

抬頭望見黃昏太陽，
遠天迷濛呈現夢幻藍，
還真開心來到新天堂。
狐狸哥哥關心來探望，
怎麼啦？ 怎麼啦？
老兄不是勇猛無人比，
怎會氣喘吁吁躺在椅？

吼吼吼！
冠軍花豹呼叫地球媽媽，
對著無線電嘶聲喊：
「喂喂喂，
喂喂喂，
媽咪媽咪，
我到火星想念您。」

一秒一秒，一分一分，
過了四十分鐘，
花豹媽咪終於傳回訊：
兒子，怎麼啦怎麼啦？
火星好玩吧？
有什麼不舒服？

冠軍豹，心花怒放跳起舞！

POSTKARTE.

火星之旅

長程太空旅行，會讓血液會從腳跑到胸部與頭部，
體液流經維持身體平衡的內耳管道時，會讓人感到
噁心，不舒服的程度比疼痛更難忍受。即使是受過
訓練的太空人，在頭幾天的飛行還是經常想吐。火
星與地球的通訊距離，平均約二十分鐘，來回要
四十分鐘。兩地通訊，一聲呼喚之後，對方要二十
分鐘才會接收到訊息，火星與地球最近的通訊距離
是四分鐘，來回也要八分鐘。

⑰ 奈米機器人：
螞蟻‧蚊子‧蒼蠅

恐怖分子躲在不見天日的地穴，
指揮部的領導悠閒打瞌睡，
螞蟻‧蒼蠅蚊子是好伴侶，
炸彈與破壞是專長。
槍桿子隨身帶，
機房電子設備多又炫，
電腦網路通向全世界，
遠方景象如在眼前，
監視者以為神不知鬼不覺。

小小昆蟲悄悄闖進來，
螞蟻是間諜兵， 破壞電子線路。

蚊子是聲波導彈， 炸毀彈藥庫。
蒼蠅是監視機， 飛行迅速。
雷達發現不了他們蹤影。
旋轉，
低飛，
高飛，
盤旋，
衝刺！
數百公里外傳訊，
引導飛彈悄悄來，
消滅魔鬼。
轟！ 轟！ 轟！
碰！ 碰！ 碰！

小小奈米翻天覆地，
小小奈米唱大戲！
收拾恐怖分子，
乾乾淨淨。

奈米威力

奈米科技的發展成熟之
後,螞蟻士兵、蚊子導彈、
蒼蠅監視器……將神不知
鬼不覺的發揮軍事功能。

⑱ 有限或無限

愛因斯坦博士登上太空船，
螞蟻博士來迎接，
光速飛行有夠讚，
穿越太空一轉眼，
滿天星星來招手。
十億百億星星飛奔過，
眾人瞪眼呆呆瞧。

螞蟻博士顫抖窗口前，
老天啊！ 老天啊！
誰知宇宙有多大？

有限或無限，
遙遠天外永遠看不見，
永遠看不見。

愛因斯坦找來螞蟻博士，
博士對博士，
有如大考試，
解答宇宙大哉問。
愛因斯坦博士真才識，
要求螞蟻博士爬上大籃球，
飛毛腿球面跑向前，
一圈又一圈，
一圈又一圈，
沒完沒了。
一圈又一圈，
表面上轉圈圈，
轉圈圈。

愛因斯坦博士說，
宇宙有限沒邊界，
一如眼前這顆球
螞蟻爬在球面無邊無際，
一如我們地球。

宇宙有沒有邊？

宇宙是有限而沒有邊界，這情況正如在地球表面旅行，地球是有限的，但沒有邊界。

⑲ 天空的礦工

火星基地裡，
開始建立人類城市，
美的建築需要資源，
向太空去追求。
黑狗兄和白狗弟，
天生是礦工，
駕著太空船，
前往木星方向去。
哇哇哇！
琳琅滿目亮晶晶，
小行星，　百萬顆，
分布廣闊太空中，
人類稱它是天空的害蟲，
擔心哪一天撞擊地球帶來毀滅，
卻是價值連城的稀世珍寶。

EARTH

Mars

小行星

火星木星之間有著百萬顆
小行星，將來人類會大量
開採小行星的礦產。

⑳ 羊咩咩放屁

我是一架貨運噴射機，
飛到東來飛到西，
朵朵白雲任呼吸，
晴空萬里最開懷。

肚子裡載貨滿滿，
兩千隻羊咩咩，
有如千百團沉重的大棉花，
機艙內擁擠搖晃如浪。
咩咩咩，咩咩咩，
此起彼落，熱烈又熱鬧，
有如聒噪的交響樂。

飛機引擎轟轟轟……
羊群擁擠緊張冒火氣，
腸道齊鼓躁，
屁股紛排氣，
噗噗叭叭，
叭叭噗噗，
此起彼落。
彷彿千百喇叭齊鳴，
艙內頓時烏煙瘴氣，
觸動煙霧警示器。
嗚嗚……　嗚……
火警！　火警！

羊咩咩放屁好臭好臭，
煙霧彌漫是甲烷。

我是一架貨運大飛機，
把握方向，緊急迫降，
緊急迫降，
只為了羊咩咩放屁。

山羊來亂

一架新加坡航空公司的班機，貨艙內裝載了兩千多隻山羊，由澳洲雪梨飛往馬來西亞吉隆坡，途中煙霧警示器突然響起，卻未發現有起火或濃煙。機長為了安全起見，決定中途降落在峇里島的丹帕沙國際機場。經檢查，原來是一大群山羊因為緊張放屁，讓高濃度的廢氣觸動了警示裝置。

㉑ 太空救援

小行星材料稀有上選，
挖洞打造移民號太空船，
滿載人類希望奇想，
從火星基地航向星際夢鄉。
終於來到太陽系邊緣
冥王星擦身飛過眼，
回望地球渺小遙遠，
有如沙塵一點點，
無邊無際，
黑茫茫。

火星基地接到求救訊號。
「太空船有難！」
貓博士智商可比愛因斯坦。
氣定神閒，深深沉思，
意識進入高能微粒子，
成了智能超微電腦。

「發射！」
「出發！」

緊急救援，飛向太陽系邊緣。
跟隨著光速飛行的粒子，
追上移民號，進入太空船。
智慧粒子大集結成了設計師。
啟動自動修復系統，
遙遠的太空救援，
科技魔法有夠炫。

超微電腦

使用加速器發射許多不同的智能粒子，抵達目的地時再組合成所需的救援裝備或是機器人，可以達成遠程救援。

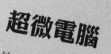

PLUTO

㉒ 螺旋密碼

蝸牛、向日葵和蜘蛛，
有一天聚首聊天：
「為什麼我們都有螺旋圖？」
蝸牛的背，向日葵的花，
蜘蛛織的網，
螺旋，螺蜁，有如在迴旋。

海螺上了岸，
好奇的狗兒對著她狂吠：
「 又來了一個螺旋體，
教我如何認識你？ 」
螺旋， 螺旋， 有如在迴旋。

田螺、 貝殼也來了，
大家坐雲宵飛車去，
唷唷唷，
喔喔喔，
迴旋又迴旋。
昏頭昏腦， 日月星辰一起旋。

銀河星雲看得笑呵呵，
宇宙萬事萬物都在旋，
從電子到銀河，
從地球月亮到太陽，
螺旋運動， 旋旋旋。

$$\frac{a+b}{a} = \frac{a}{b} = \phi \approx 1.61803$$

似圓不是圓

宇宙間從微小生物、細菌、花草、
動物、人的頭髮到太陽系的運動、
星系的形狀,莫不與螺旋有關。

從植物到人體，
都有DNA雙螺旋。
細胞分裂、
種子發芽、
雞蛋破殼、
星體爆炸，
萬事萬物不是圓又似圓，
一旦接近圓，
形成圓，
圓周率，
是無窮無盡
不迴圈的數，
永遠數不完的數。

㉓ 時光機與狐狸作家

狐狸狐狸，每天伏案寫作不停歇。

靈感靈感，飛瀑狂瀉源源不枯竭。

靈魂工程師，號稱二十九把刀。

熱情創作之火燃燒不熄。

絞腦汁，腦子恰似果汁機，

好作品，有如擠出可口汁液。

電腦打字滴滴答答，

比嗑花生容易。

語音傳輸寫作方便，

追蹤美好記憶。

一句句，一行行，一頁頁，
印書如印鈔票，沒有天才可超越。

河馬開的出版社每季一書，
狐狸是輝煌臺柱。
春夏秋冬滿足一年四季，
人人仰望欽慕的文學大師，
崇拜狐狸的心永遠關不住。
燙金燙銀紅色綠色黃色，
書本堆成柱。
洋洋灑灑，
感人肺腑、真情的藝術。
星星月亮太陽，讀了迴腸盪氣，
靈魂工程師的傑作無人可比。

一天狐狸癱倒床，
肚裡苦水流滿地，
唉聲大嘆寫不出新東西。

河馬老闆急得滿頭汗，
嘴裡嘰嘰咕咕講不清。
狐狸狐狸，下一本書怎麼沒消息？
請你腦子快快轉！

狐狸眼睛紅得像番茄，
有如忽明欲滅的燈，
腦神經燒得劈里啪啦響，
有如衣服脫水擠乾乾，
再怎樣也絞不出腦汁。

足智多謀的貓頭鷹博士，
開來一架奇怪機器，
鬼鬼祟祟咬著狐狸耳朵，
說了幾句私密話語，
狐狸頻頻微笑點頭稱妙計。

狐狸作家坐了時光機，
來到下一季，帶回自己出版的書，
抄，
抄抄，
抄抄抄，
又完成一本暢銷書交稿去。
河馬老闆喜開懷！
不料書印出來，整本是空白！

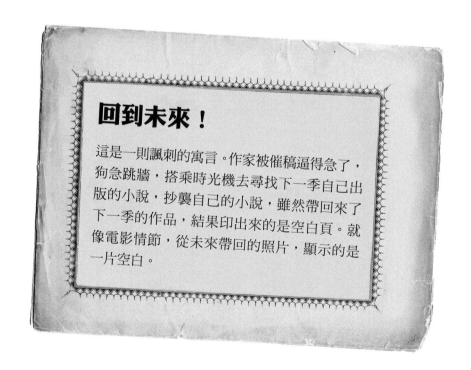

回到未來！

這是一則諷刺的寓言。作家被催稿逼得急了，狗急跳牆，搭乘時光機去尋找下一季自己出版的小說，抄襲自己的小說，雖然帶回來了下一季的作品，結果印出來的是空白頁。就像電影情節，從未來帶回的照片，顯示的是一片空白。

㉔ 宇宙之外

我們是誰， 我們從哪裡來？
宇宙外面到底什麼樣，
將來會怎樣？

小猴很想找答案，
搭上外星飛碟，
從地球飛行三萬光年，
抵達銀河系中央。
那裡像是星星的故鄉，
密密麻麻的光點，
明亮藍色輻射衝破籠罩的塵埃，
到處是新星、 變星、 星雲、 星團。

年老的恆星發出微光苟延殘喘，
面對可怕黑洞的吞噬，
掙扎哀號， 生命即將流逝。

小猴一路飛越蒼穹，
無邊無際， 飛揚思緒。
登陸不同的行星系。
通常天空有兩三個太陽，
或者大大小小幾十個月亮。
眼見星球荒涼， 光影卻美妙。
可不像地球，
一個太陽配一個月亮，
日出日落， 黑夜白晝分明。

如今來到銀河中央，
小猴衝向前去， 進入大黑洞，
躍向另一個新宇宙。

穿越黑洞會到哪？

科學家認為銀河系中央存在大黑洞，如果進入黑洞，可能通向另一個宇宙。

㉕ 地球飛車與愛因斯坦

地球是個大飛球， 時刻轉不停，
藍藍亮亮， 圓圓晶晶，
四十六億年來太空奔馳，
忙忙亂亂， 生生不息。
地球是座大列車， 路線不偏離，
有人上車， 有人下車。
載著億萬旅客前進不止，
沒日沒夜， 不分寒暑，

愛因斯坦坐上地球車，
從小托著下巴問：
「雨為什麼會從天上落下？
月亮為什麼不從天上掉下？」
老爸給了一只羅盤，
指南針脾氣可真有趣，
開啟他心扉，探索宇宙神奇。

如果我駕著光線飛行，
這個世界會變成怎樣？
小小腦袋大哉問，
苦思窮想，創造偉大相對論，
成為全世界瘋狂崇拜的名人。

牆壁、書桌、電桿上，
圍巾、絲帶、皮包上，
都有愛因斯坦的圖像，
不論走到哪裡，

THE BRAIN
of
ALBERT EINSTEIN

彷彿自己瞪自己。
他是宇宙大明星，
人們隨時對他行注目禮，
有如受到萬有引力牽引。

兒子問他為什麼有名，
愛因斯坦妙答：
甲殼蟲爬行在球面， 不知路彎曲，
但愛因斯坦知道。

離開地球車前他留下遺言，
不要儀式紀念，
骨灰撒在祕密地點。
然而地球人們都記得，
曾有一個超級大明星，
發現宇宙的法則。

愛因斯坦的遺言

偉大的科學家來到世上，就像有緣搭上某一班火車。愛因斯坦名氣最大的時候，不論走到哪裡，都看到自己的圖像；他不願自己死後被崇拜，要求不要為他建墳墓，也不要為他立碑。

PRINTED IN INDIA

XBSY0014

宇宙密碼 25篇星球科幻童話

作者　黃海
繪者　Bianco

字畝文化創意有限公司
社　　長　馮季眉
責任編輯　吳令葳
編　　輯　戴鈺娟、陳曉慈、徐子茹
美術設計　三人制創

讀書共和國出版集團
社長　郭重興
發行人兼出版總監　曾大福
業務平臺總經理　李雪麗
業務平臺副總經理　李復民
實體通路協理　林詩富
網路暨海外通路協理　張鑫峰
特販通路協理　陳綺瑩
印務協理　江域平
印務主任　李孟儒

發　　行　遠足文化事業股份有限公司
地　　址　231 新北市新店區民權路 108-2 號 9 樓
電　　話　(02)2218-1417
傳　　真　(02)8667-1065
電子信箱　service@bookrep.com.tw
網　　址　www.bookrep.com.tw

法律顧問　華洋法律事務所　蘇文生律師
印　　製　中原造像股份有限公司

2018 年 12 月 26 日　初版一刷
2021 年 9 月　　　　初版二刷
定　　價　320 元
書　　號　XBSY0014
Ｉ Ｓ Ｂ Ｎ　978-957-8423-66-4

宇宙密碼：25 篇星球科幻童話
/ 黃海著；Bianco 繪 . -- 初版 . -- 新北市：
字畝文化創意出版：遠足文化發行，
2018.12　面；　公分
ISBN 978-957-8423-66-4(平裝)

1. 科學 2. 通俗作品

307.9　　　　　　　　107021687

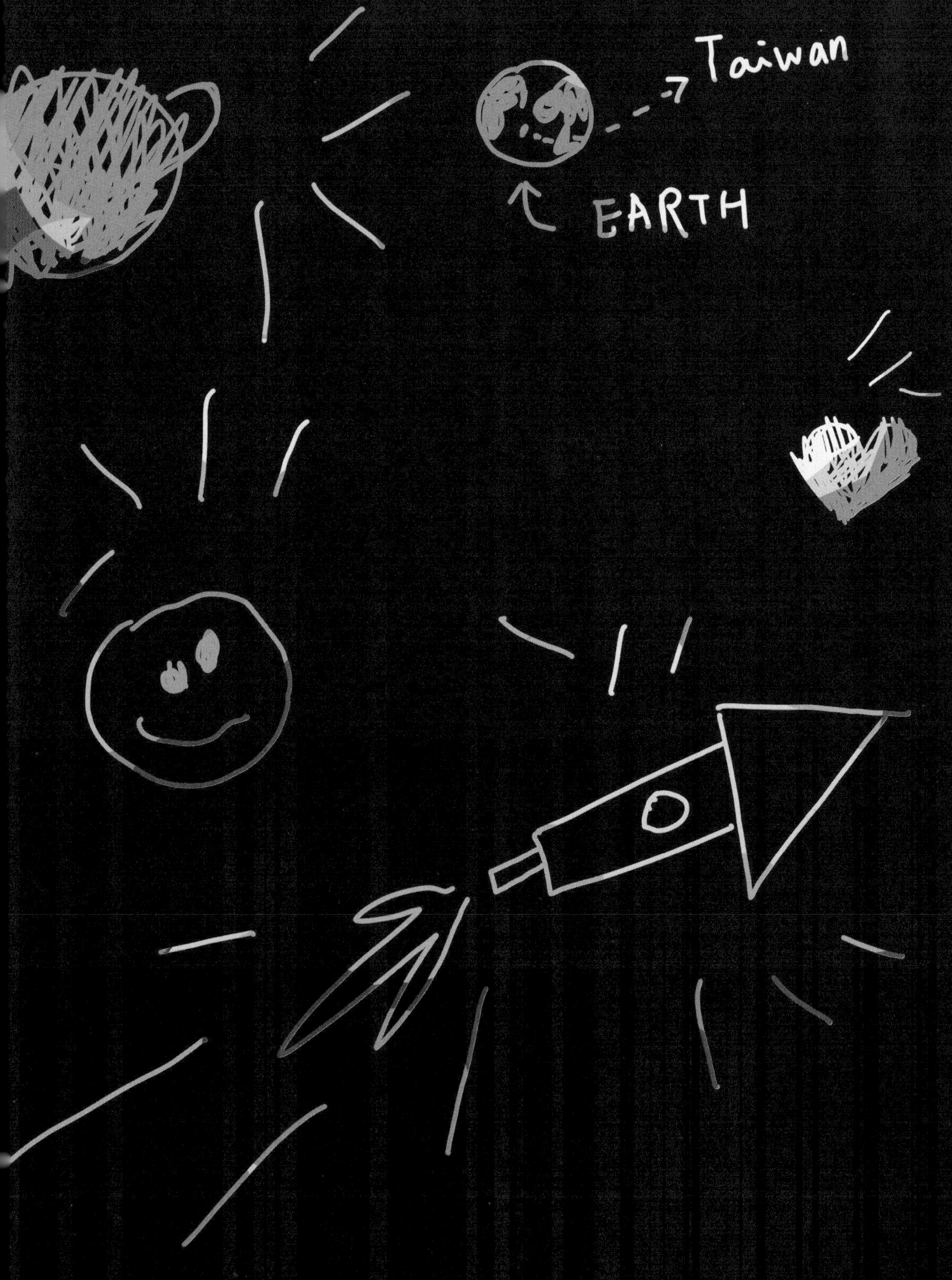
Taiwan
EARTH